身近な生き物

淡水魚・淡水生物

①学校編

～コイ、メダカ、ザリガニほか～

監修／さいたま水族館

汐文社

はじめに

　この本は、みなさんが自宅や学校の水槽で飼っているような、身近な「淡水の生き物」を紹介する図かんです。「淡水」というのは、海の水のようにしょっぱいものではなくて、川や池、田んぼなどのように、塩分がない水のことです。

　淡水には、いろいろな魚のほかにも、ザリガニやカメ、タニシなどの生き物が魚たちといっしょにすんでいます。日本の淡水にはさまざまな生き物がすんでいますが、日本に昔からすんでいる「在来種」のほかに、「国外外来種※」と呼ばれる、外国から持ちこまれた生き物もたくさんすんでいます。

　この本では、淡水の魚や生き物が、どんな種類がいて、どのような特ちょうを持っているのかを写真で紹介しています。第1巻では、おもに学校や家で飼っているメダカやドジョウ、コイ、フナ、オタマジャクシ、ザリガニ、アメンボなどの淡水の生き物を紹介しています。

（※外来種には、「国外外来種」のほかに、国内の他の地域から持ちこまれた「国内外来種」がいる）

もくじ

これが淡水にいる生き物だ!

淡水魚とは、川や池・湖のほか、田んぼや水路、沼など、「海以外にすんでいる」魚たちのことです。もちろんそういった水辺には淡水魚だけではなく、カメやカニ、アメンボなど、魚ではない生き物もいます。また、同じ淡水の生き物でも、川の上流だけにいたり、琵琶湖などの限られた場所だけにいたりするものもいます。

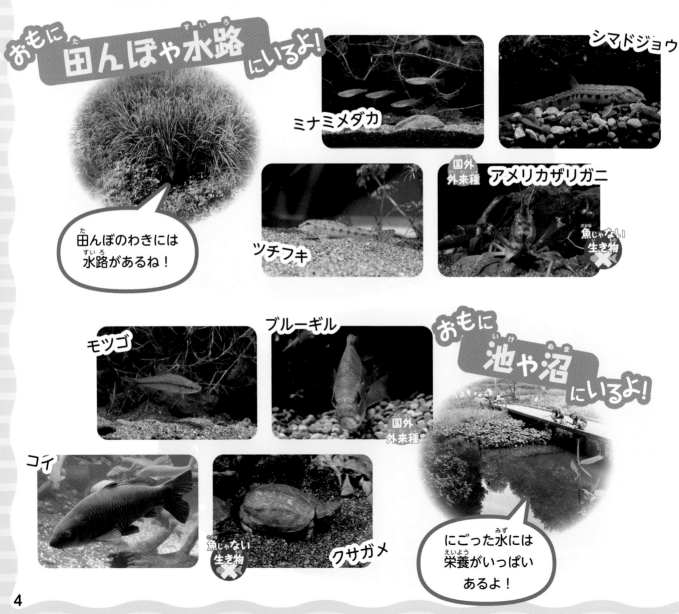

おもに田んぼや水路にいるよ!

田んぼのわきには水路があるね!

ミナミメダカ

シマドジョウ

ツチフキ

国外外来種 アメリカザリガニ
魚じゃない生き物✕

モツゴ

ブルーギル
国外外来種

おもに池や沼にいるよ!

にごった水には栄養がいっぱいあるよ!

コイ

クサガメ
魚じゃない生き物✕

4

おもに **川の上流** にいるよ！

流れる水が
とっても冷たそう！

アブラハヤ

カジカ

ヤマメ

サワガニ

魚じゃない
生き物 ✕

おもに **川の中流** にいるよ！

アユ

トウヨシノボリ

ウグイ

カワニナ

魚じゃない
生き物 ✕

流れがゆるやかに
なってきたぞ！

おもに **川の下流** にいるよ！

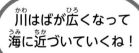

川はばが広くなって
海に近づいていくね！

マルタ

ニホンウナギ

マハゼ

ヤマトシジミ

魚じゃない
生き物 ✕

5

学校で飼っている魚 メダカ

おもに「田んぼや水路」にいるよ！

童よう（めだかの学校）にもなって、日本人に昔から
かわいがられているメダカは、全国のゆるやかな流れの小川や池、
田んぼなどにすんでいて、群れになって泳ぐのが特ちょうです。
水に落ちた小さな虫などをすくうようにして食べます。

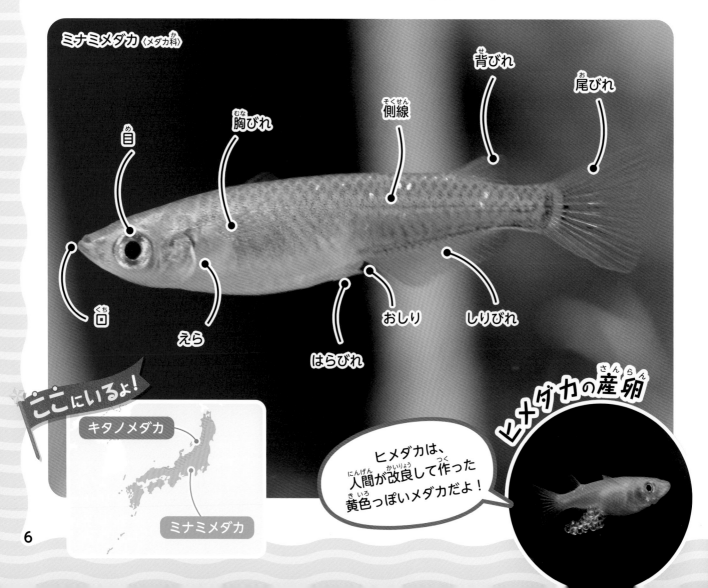

ミナミメダカ〈メダカ科〉

目　胸びれ　側線　背びれ　尾びれ

口　えら　はらびれ　おしり　しりびれ

ここにいるよ！

キタノメダカ

ミナミメダカ

ヒメダカは、人間が改良して作った黄色っぽいメダカだよ！

ヒメダカの産卵

ミナミメダカ 〈メダカ科〉

口は上向きで、小さい背びれがあります。キタノメダカとすむ地域がちがいます。

大きさ※	約3cm
生息地	池・沼・田んぼ・水路・川の中流〜下流
分 布	本州（岩手県以南の太平洋側、京都府以西の日本海側）〜沖縄県など

（※このシリーズでは、特に表記がない限り、「大きさ」は、成体の体長（魚の場合、鼻先から尾びれのつけ根まで）を示す）

2種類いるよ！

メダカはいつも、群れを作って泳いでいるよ。

キタノメダカ 〈メダカ科〉

ミナミメダカと似ていますが、あみ目模様がミナミメダカよりこいです。

大きさ	約3cm	生息地	池・沼・田んぼ・水路・川の中流〜下流
分 布	青森県〜京都府にかけての日本海側		

カダヤシ 〈カダヤシ科〉

メダカとよくまちがえられる国外外来種。親の体内で卵をふ化させて、直接子どもを産み出します。

大きさ	約4cm
生息地	池・沼・田んぼ・水路・川の中流
分 布	原産は中央アメリカ。日本では本州（福島県以南）〜沖縄県に定着

メス♀

特定外来生物※

（※「特定外来生物」は、外来生物の中で、特に生態系に害を及ぼす可能性のある生物。法律で指定している）

♂オス

学校で飼っている魚

ドジョウ

おもに「田んぼや水路」にいるよ！

田んぼや小川にすむドジョウ。ふだんは水底にいて、泳ぐときだけ体をうかし、ひげを使って砂や泥の中のえさを探します。日本には 30 種類以上のドジョウの仲間がすんでいます。

冬の時期は冬眠することもあるよ。

体は細長くて、全長は最大で 20cm くらいになるよ。

口のまわりにはひげが 10 本あるよ。えさは砂や泥の中のび生物やイトミミズ、コケなどを食べるよ。

ドジョウ 〈ドジョウ科〉

ドジョウはほかの魚と同じようにえらで呼吸をしますが、水中の酸素が少ないときには腸で呼吸をし、しめっている土の中では皮ふでも呼吸をします。

大きさ	約 10cm	生息地	池・沼・田んぼ・水路・川の中流
分布	全国各地		

オスとメスの見分け方 ♂♀

オスはメスより胸びれが大きいけれど、
体はメスのほうが大きいことが多いよ。

♂ オス　　　　　　　　　　　メス ♀

シマドジョウ 〈ドジョウ科〉

ドジョウの仲間たち

写真提供：アクア・トトぎふ

アジメドジョウ 〈ドジョウ科〉

6本の口ひげ。ドジョウの仲間の中でも特に細長く、
水がきれいな川の上流にすみます。

大きさ	約7cm	生息地	川の上流～中流
分布	中部地方～近畿地方		

ホトケドジョウ 〈ドジョウ科〉

押しつぶされたような体で、口が横に広く、ひげは
8本。生息地によって体の色がちがいます。

大きさ	約4cm
生息地	水路・川の中流
分布	本州(青森県と中国地方西部を除く)、四国東部

フクドジョウ 〈ドジョウ科〉

鼻先はとがり、横に広い口。斜め後ろに伸びるひげが
6本あります。もともとは北海道だけにいた魚です。

大きさ	約20cm	生息地	川の上流～下流
分布	北海道、福島県など		

写真提供：アクア・トトぎふ

アユモドキ 〈ドジョウ科〉

アユのような体のドジョウです。体は太くて短く、
ひげは6本あります。

大きさ	約10cm	生息地	水路・川の中流
分布	琵琶湖・淀川水系、岡山県		

学校で飼っている魚

コイとフナ

おもに「池・沼や川の中流」にいるよ！

コイというと、学校や日本庭園の池で泳ぐニシキゴイを
思いうかべる人も多いかもしれませんが、全国の河川や池などにいる
黒いコイと同じ仲間です。古くから観賞用に品種改良されてきました。
コイは昔から食用にもされていて、同じように食用にされてきた
フナもコイと同じ「コイ科」の魚です。

コイ 〈コイ科〉

すいこんだえさの中で、泥などのいらないものをえらから出すよ。

大きいものだと、60cmをこえるよ。

口元には歯がなく、のどのおくにあるいん頭歯でタニシなどをからごとかみくだくよ。

コイには2対の口ひげがあるけど、フナにはないよ。

写真提供：アクア・トト ぎふ

水の汚れに強い魚です。雑食で、貝・甲かく類・ミミズ・小魚・水草など、さまざまなものを食べます。

大きさ	約60cm
生息地	池・沼・湖・水路・川の中流〜下流
分布	全国各地

コイやナマズの仲間には、うきぶくろをふるわせる音や振動を内耳に伝えるウェーバー器官があるから、ほかの魚より聴覚が発達しているよ。

10

成長の様子

春、水の中の水草に産卵するよ。

ふ化したばかりの稚魚は5mmくらいの大きさでひれも小さくてはっきりしないけど、1か月ほどで親と同じ姿になるよ。

よく見られるコイのほとんどは、大陸から持ちこまれたコイの子孫で、日本にもともといたコイは琵琶湖の一部に残っているよ。

フナの仲間たち

キンブナ 〈コイ科〉

茶色っぽくてほかのフナ類と比べて小型。流れが少ない場所にいます。水底の小動物や藻類、プランクトンなどを食べます。

大きさ	約12cm
生息地	池・沼・湖・水路・川の中流〜下流
分布	東北地方の太平洋側、関東地方

ギンブナ 〈コイ科〉

オリーブ色で、体型は尾びれ近くで急に細くなります。群れを作って生活します。日本ではオスがほとんどおらず、メスだけで増えます。水底の小動物や藻類、プランクトンなどを食べます。

大きさ	約25cm	生息地	池・沼・湖・水路・川の中流〜下流
分布	全国各地		

ゲンゴロウブナ 〈コイ科〉

体高が高く、流れがゆるやかな場所にすんでいます。植物プランクトンを食べます。琵琶湖の野生個体群は絶滅危惧種。

大きさ	約40cm	生息地	湖・川の下流
分布	琵琶湖・淀川水系。つり用に、全国各地で放流されている（つり用の魚は、ヘラブナと呼ばれる）		

★フナの仲間はさまざまなタイプがいて、区別があいまいでまだわかっていないことが多いよ。

キンギョ

水槽で飼っているよ！

水道水を1日置いて、カルキを飛ばした水を使ってね。

キンギョは人間が作り出した観賞魚です。
1500年以上前の中国で、たまたま赤い色をしたフナが生まれて、それを品種改良しました。ですから、本来は野生にはいません。
体やひれの形がちがうさまざまなキンギョがいます。

ワキン

ワキンはもっとも一般的なキンギョで、金魚すくいでもよく見かけます。

ワキンは中国から最初に伝わった品種で、体の形がフナに似ているよ。

尾びれの形もさまざま。フナのような形の品種、3つや4つに分かれている品種など。観察してみよう。

キンギョによくフンがくっついているのは、肛門を締める筋肉がないから、自然に切れるのを待っているんだ。

えさに含まれる色素をとりこむことで、よりきれいな赤い色に変わるよ。

成長の様子

生まれたときには黒っぽい色で、1か月半くらいからおなかが黄色くなり、だんだんと赤や白に色が変わるよ。

同じキンギョでもこんなにいろいろ！

リュウキン

江戸時代に伝わった品種で、体部分が丸くて尾びれが長いキンギョです。

ランチュウ

おでこにこぶがあり、背中は弓なりで背びれがありません。江戸時代に日本で改良されたキンギョです。

セイブン

頭にこぶがあり、体が淡い黒色をしたキンギョです。

クロデメキン

左右の目が出っぱっているキンギョで、アカデメキンの突然変異から作られました。

アカデメキン

リュウキンから作られ、出っぱった目が特ちょう的なキンギョ。明治時代に日本に入ってきました。

チョウテンガン

デメキンの突然変異から作られた、デメキンよりもさらに出っぱった上向きの目を持つキンギョです。

コメット

アメリカでリュウキンから改良して作られたキンギョ。長い尾びれが特ちょうです。

パンダチョウビ

デメキンのように目が出っぱっていて短い尾びれがあります。黒い部分がパンダの模様に似ています。

ライオンヘッド

ランチュウと似ていますが、頭のぼこぼこが大きくて、背中が弓なりではありません。

13

ビオトープって知ってる？

植物や生き物が暮らせる環境を用意して、生き物がそこで世代交代できる場所を「ビオトープ」といいます。みなさんのまわりにあるビオトープには、どんな魚や生き物がいるか調べてみましょう！

「ビオトープ」のしくみ

植物
生き物に酸素を供給したり、水をきれいにしたりする効果があるよ。

生き物 メダカ、ドジョウ、貝など、いろいろな生き物を飼うことができるよ。

土台 土や石、砂などを入れて自然に近い環境にするよ。

「ビオトープ」の目的

学校のビオトープは、たくさんの植物や生き物がすめる「水辺の環境」を身近に再現して、子どもたちが工夫して世話をしたり、観察したりすることを目的に作られています。

「ビオトープ」での観察から学ぼう

● ビオトープには、どんな植物があって、どんな生き物がいるかを調べてみましょう。
● 植物や生き物の成長を観察してみましょう。
● 学校や家のまわりでなくなりつつある自然について考えてみましょう。

ビオトープは、多くの人が集まる施設や公園、ビルの屋上などにも作られています。それだけみんなが「自然にふれたい」という思いがあるからでしょう。

いろいろな場所にあるビオトープ

道路のそばにあるビオトープ

羽田空港にもあるよ！

自然公園にあるビオトープ

ビオトープですいすい泳ぐメダカ

おうちでもできるよ！

水鉢を使った小さいビオトープなら、自宅の庭やベランダでも作れます。水辺の植物と生き物がいっしょに暮らす（「共生」といいます）「小さな自然」を作ることができます。

学校で飼っている生き物

オタマジャクシ
（カエル）

おもに「田んぼなど」にいるよ！

オタマジャクシはカエルの子どもで、両生類です。
卵や幼生のころは水中で過ごすためにえらで呼吸し、
カエルになるとえらがなくなって肺や皮ふで呼吸をし、
水場近くの陸上で過ごすことができるようになります。

アマガエルは1回の産卵で、500～1000個の卵を産むよ。

アマガエルのオタマジャクシ

口には小さな歯があり、石についたコケなどをけずるようにして食べるよ。

全部の足が出ると、だんだんとしっぽが短くなってきて、カエルの姿に。

おなかを見ると、ぐるぐるとうずをまいた腸がすけて見えるよ。

成長の様子

卵から出て、しっぽで
上手に泳ぐよ。

田んぼや池などの水草に
たくさんの卵を産むよ。

1〜2週間で
ふ化。

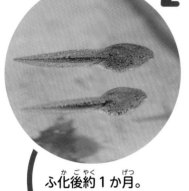

ふ化後約1か月。

後ろ足が出てくるよ。その
あと前足が出て、しっぽが
短くなって、肺で呼吸する
ようになるよ。

産卵時だけ水の中に入り、すむ場所に
合わせて体の色や模様を変えるよ。秋
から春までは土の中で冬眠するよ。

大きさ	約4cm
生息地	田んぼなどの水気のある場所
分布	北海道〜九州、大隅諸島など

鼻から目の後ろにかけて
黒い筋があるよ。

耳。こまくが見えるよ。

口。生きている昆虫や
クモをつかまえて食べるよ。

前足には水かきはないけど、
指を曲げで物をつかむよ。
後ろ足には吸ばんも水かきもあるよ。

ニホンアマガエル
〈アマガエル科〉

体の色が
変わるよ！

まわりの色に合わせて
体の色を変えるよ。

皮ふから刺激のある成分を出すの
で、さわるときには注意しよう。

★日本にすむカエルには、このほかにトノサマガエルやニホンアカガエルなどがいるよ。

学校で飼っている生き物

ザリガニ

おもに「池・沼や水路」にいるよ！

ザリガニはエビの仲間で、川や沼などの淡水で生活しています。
日本で見られるのは、日本古来のニホンザリガニと
外国原産のアメリカザリガニ、ウチダザリガニの3種類です。
ウチダザリガニは、日本の生態系に悪い影響が出るため
特定外来生物（7ページを見てね）に指定されています。

アメリカザリガニ
〈アメリカザリガニ科〉

アメリカザリガニは大きなハサミを持つザリガニで、ウシガエルのえさとしてアメリカから持ちこまれた外来種です。

大きさ	約12cm
生息地	池・沼・湖・田んぼ・水路・川の中流～下流
分布	原産は北アメリカ。日本では全国各地に定着

小さいときは赤茶色で、だっ皮をしながら成長するにつれて赤色が増していくよ。

おしっこを出す穴。

魚と同じえら呼吸。

ハサミや足がとれてもまたはえてくるよ。

おしり

冬は水底やしめった土の中に穴を掘って、その中でじっとしているよ。

はさみ足はえさをつかまえたり、ケンカをしたりするときに使い、わきの足は歩くときに使うよ。

オスとメスの見分け方 ♂♀

オスはハサミが大きいよ。メスには、体の真ん中の足のつけ根に卵を産む穴があるよ。

♂ オス

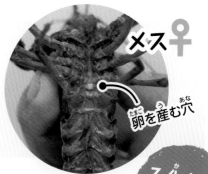

メス ♀

卵を産む穴

ふ化した子ども

前から見ると

メスは卵を産んだら、自分のおなかに卵をぶら下げて守るよ。ふ化した子どもは親にしがみついて移動するよ。

目は大きいけど、あまり見えないよ。短いしょっ角で食べ物のにおいを感じとって、水草や小魚などを食べるよ。

ザリガニの仲間たち

ウチダザリガニ
〈ザリガニ科〉

特定外来生物

アメリカから移入された外来種。アメリカザリガニよりも冷たい水の中で過ごします。

大きさ	約13cm	生息地	池・沼・湖

分布	原産は北アメリカ。日本では北海道、福島県、長野県、滋賀県などに定着

ニホンザリガニ
〈アメリカザリガニ科〉

体の色は暗かっ色で、体つきはアメリカザリガニよりもずんぐりしていて小さく、冷たい水の中で過ごします。日本の在来種。

大きさ	約7cm

生息地	池・沼・湖・川の上流〜中流

分布	北海道、青森県、岩手県、秋田県

学校で飼っている生き物

カメとカニ

おもに「池・沼や川」にいるよ！

池や川などの水中で暮らすカメはは虫類。かたい甲らがあり、敵におそわれそうになると、甲らの中に頭や足を引っこめます。カニの仲間には、サワガニのように、海ではなく淡水で過ごす種類がいます。

★日本にすむカメには、このほかにニホンスッポン・ヤエヤマイシガメなどがいて、カニには、アカテガニ・ベンケイガニなどがいるよ。

クサガメ〈イシガメ科〉

寝るときは頭を出して水の中で寝るよ。
冬は土の中や、水底にもぐって冬眠するよ。

甲らは成長とともに大きくなるよ。

歯はないけれど、するどいくちばしで小魚などを食べるよ。

肺呼吸と皮ふ呼吸ができるよ。

大きさ	（甲長）約 25cm
生息地	池・沼・川の中流〜下流
分布	全国各地

危険を感じたときには足のつけ根にある穴から臭いにおいを出すよ。

ヘビやワニと同じは虫類。卵は水辺近くの土の中に産むよ。

泳ぐのはとくいなんだ！

写真提供：アクア・トトぎふ
前足にも後ろ足にも水かきがあるよ。

ニホンイシガメ〈イシガメ科〉

写真提供：アクア・トトぎふ

甲らぼしをするのはなぜ？

変温動物のカメは、周囲の温度が低いときは日光を浴びて体温を上げ、体をかわかすことで寄生虫や菌類を退治するよ。

サワガニ 〈サワガニ科〉

エビと同じ甲かく類。水がきれいな谷川にすんでいるよ。

食べ物をかみくだくあごはかたくて強いよ。

危険を感じたときには目を甲らの中に引っこめるよ。

じょうぶな甲ら。

息をするえら。

ミミズや小さな虫、水中に落ちた草や葉なども食べるよ。

写真提供：アクア・トトぎふ

大きさ	（甲幅）約3cm	
生息地	川の上流〜中流	
分布	本州〜九州、大隅諸島	

すんでいる場所によって色がちがうよ。赤色のほか、青色・灰色・茶色のカニもいるけど、同じ場所にちがう色の個体がまじることはないよ。

モクズガニ 〈モクズガニ科〉

ハサミ部分には毛がたくさんはえています。川にすむカニの仲間ではいちばん大きくなります。

大きさ	（甲幅）約6cm
生息地	川の上流〜下流
分布	全国各地

オスとメスの見分け方

♂ オス

♀ メス

おなかの形が三角なのがオスで、丸いのがメスだよ。幼生は海で過ごし、大人になると川で過ごすよ。

学校で飼っている生き物

タニシとアメンボ

\おもに「池・沼や田んぼ」にいるよ!/

池をのぞいてみると、タニシなどの貝やアメンボなどの虫がいることがあります。ここでは代表的な種類を見ていきましょう。淡水には魚以外にも、変わった形をしたさまざまな生き物がたくさんいます。

オオタニシ〈タニシ科〉

貝の色は、大人になるにつれて緑から黒っぽい色に変わっていきます。タニシはコケやび生物の死んだものなどを食べるので「水槽のそうじ屋」と呼ばれます。

大きさ（殻高）約6cm	生息地 池・沼・田んぼ・水路	分布 北海道〜九州

成長の様子

メスは卵を体の中でかえして、小さな貝の姿で外に産み出すよ。これは幼生だよ。

ヒメタニシ〈タニシ科〉

オオタニシの半分ほどのサイズで、からが細長いのが特ちょうです。

大きさ	（殻高）約3cm
生息地	池・沼・水路・田んぼ
分布	本州〜九州

大きさ	約 1.5cm
生息地	池・沼・湖・田んぼ
分布	北海道〜九州

アメンボ〈アメンボ科〉

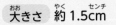

日本に広く分布しているよ。学校のプールに飛んでくることもあるよ。

歩いたあとには
波もんが見られることも！

どうやってういているの？

足の先に小さな毛がたくさんはえているよ。
だから水の上を歩けるんだね。

トンボをねらっているのかな？

オオアメンボ
〈アメンボ科〉

日本最大のアメンボ

大きさ	約 2.5cm
生息地	池・沼・湖・田んぼ
分布	本州〜九州

アメンボの仲間たち

コセアカアメンボ
〈アメンボ科〉

体が赤みを帯びている

大きさ	約 1.5cm
生息地	池・沼・湖・田んぼ
分布	全国各地

ヒメアメンボ
〈アメンボ科〉

小型のアメンボ

大きさ	約 1cm
生息地	池・沼・湖・田んぼ
分布	北海道〜九州

学校で飼っている生き物
タガメとゲンゴロウ

田んぼや池・沼には、タガメやゲンゴロウなどの
水中で暮らす昆虫がすんでいます。これらを
「水生昆虫」といいます。ここでは代表的なタガメや
ゲンゴロウを見ていきましょう。

おもに「池・沼や田んぼにいるよ」！

タガメ〈コオイムシ科〉

日本に生息する水生昆虫の中で最大。カメ
ムシの仲間ですが臭いにおいはしません。

大きさ	約6.5cm
生息地	池・沼・田んぼ・水路
分布	全国各地

おしりに空気を入れる穴があって、
そこにためた空気を使って
水中で過ごすよ。

自分より大きな魚も
つかまえるよ。

前足でえものをつかまえたら、
養分をすいとるよ。
飛ぶこともできるよ。

写真提供：アクア・トトぎふ

メスは卵を産んだあと
世話をしないよ。オス
は卵がかわかないよう
に水をかけたり、外敵
から守ったりするよ。

卵は1週間から10日ほど
でいっせいにふ化するよ。

成長の様子

ふ化した幼虫は、5
回だっ皮をくり返し
ながら1か月ほどで
成虫になっていくよ。

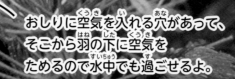

おしりに空気を入れる穴があって、そこから羽の下に空気をためるので水中でも過ごせるよ。

ゲンゴロウ〈ゲンゴロウ科〉

水生植物の多い場所にいる大型の水生昆虫です。

大きさ	約4cm	生息地	池・沼・田んぼ・水路
分布	北海道～九州		

緑色の体に、黄色いふちどり。

口から消化液をえさに吹きかけて、食べやすくするよ。

小さな魚や虫などをつかまえて食べるよ。

成長の様子

メスが水草のくきの中に卵を産みつけるよ。

約2週間でふ化して幼虫に。

ふ化から約40日で陸に上がり、土の中でさなぎに。

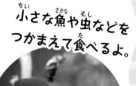

さなぎになってから約3週間で成虫に。

ゲンゴロウの仲間たち

シマゲンゴロウ〈ゲンゴロウ科〉

体の色は黒で、頭からおしりにかけて4本の黄色い線があります。

大きさ	約1.5cm	生息地	池・沼・田んぼ・水路
分布	北海道～九州		

ヒメゲンゴロウ〈ゲンゴロウ科〉

体の色は黄色みや黒みを帯びた赤かっ色。小型のゲンゴロウ。

大きさ	約1cm	生息地	池・沼・田んぼ・水路
分布	全国各地		

学校で習う環境のこと

外来種ってなぁに？

本来その地域には生息していないのに、人間によって持ちこまれた生き物を「外来種」「外来生物」といいます。もともといる在来種が外来種に食べられたり、交雑したりしてしまい、地域の生態系がくずれる問題が起きています。ここでは外国から持ちこまれた魚を紹介します。

アオウオ 〈コイ科〉

大きさ	約1m
生息地	池・沼・湖・川の中流～下流
分布	原産は東アジア。日本では利根川・江戸川水系に定着

オオクチバス 〈サンフィッシュ科〉

特定外来生物

大きさ	約50cm
生息地	池・沼・湖・川の中流
分布	原産は北アメリカ。日本では北海道を除く全国各地に定着

カムルチー 〈タイワンドジョウ科〉

大きさ	約80cm
生息地	池・沼・湖・川の中流～下流
分布	原産は中国。日本では北海道～九州に定着

カワスズメ 〈カワスズメ科〉

（別名：モザンビークティラピア）

大きさ	約30cm
生息地	湖・川の下流
分布	原産はアフリカ。日本では大分県、鹿児島県、沖縄県などに定着

カワマス 〈サケ科〉

大きさ	約30cm
生息地	湖・川の上流～下流
分布	原産は北アメリカ。日本では北海道、本州の一部に定着

グッピー 〈カダヤシ科〉

（オス）

大きさ	約4cm
生息地	池・沼・湖・田んぼ・水路・川の中流〜下流
分布	原産は南アメリカ。日本では冬でも温かい一部の河川や沖縄県に定着

コクチバス 〈サンフィッシュ科〉

特定外来生物

大きさ	約40cm
生息地	池・沼・湖
分布	原産は北アメリカ。日本では山梨県を除く青森県〜和歌山県などに定着

コクレン 〈コイ科〉

大きさ	約1m
生息地	池・沼・湖・川の中流〜下流
分布	原産は中国。日本では利根川・江戸川水系に定着

ソウギョ 〈コイ科〉

大きさ	約1m
生息地	池・沼・湖・川の中流〜下流
分布	原産は東アジア。日本では利根川・江戸川水系に定着

タイリクバラタナゴ 〈コイ科〉

大きさ	約5cm
生息地	池・沼・湖・田んぼ・水路・川の中流
分布	原産は中国。日本では全国各地に定着

タイワンドジョウ 〈タイワンドジョウ科〉

大きさ	約60cm
生息地	池・沼・川の中流〜下流
分布	原産は中国、東南アジア。日本では和歌山県、兵庫県、沖縄県などに定着

タウナギ 〈タウナギ科〉

大きさ	約35cm
生息地	池・沼・田んぼ・川の中流〜下流
分布	原産は中国、東南アジア。日本では本州、四国に定着。ただし沖縄県のものは在来種

チャネルキャットフィッシュ 〈アメリカナマズ科〉

特定外来生物

大きさ	約70cm
生息地	池・沼・湖・川の下流
分布	原産は北アメリカ。日本では利根川水系、岐阜県、奈良県などに定着

チョウセンブナ 〈ゴクラクギョ科〉

大きさ　約7cm

生息地　池・沼・田んぼ・水路

分布　原産は中国、朝鮮半島。日本では新潟県、長野県、岡山県などに定着

ナイルティラピア 〈カワスズメ科〉

大きさ　約40cm

生息地　湖・川の下流

分布　原産はイスラエル、アフリカ。日本では冬でも温かい一部の河川や沖縄県に定着

ニジマス 〈サケ科〉

大きさ　約30cm

生息地　湖・川の上流～下流

分布　原産は北アメリカ。日本では北海道、本州の一部に定着

ハクレン 〈コイ科〉

大きさ　約1m

生息地　池・沼・湖・川の中流～下流

分布　原産は中国。日本では利根川・江戸川水系などに定着

ヒレナマズ 〈ヒレナマズ科〉

大きさ　約40cm

生息地　池・沼・田んぼ・水路

分布　原産は中国、東南アジア。日本では沖縄県に定着

ブラウントラウト 〈サケ科〉

大きさ　約30cm

生息地　湖・川の上流～下流

分布　原産はヨーロッパ、西アジア。日本では北海道、本州の一部に定着

ブルーギル 〈サンフィッシュ科〉

特定外来生物

大きさ　約25cm

生息地　池・沼・湖・川の中流

分布　原産は北アメリカ。日本では全国各地に定着

レイクトラウト 〈サケ科〉

大きさ　約50cm

生息地　湖

分布　原産は北アメリカ。日本では栃木県中禅寺湖に定着

生き物をとるときに注意すること

淡水の魚や生き物などをとりに行くときには、いくつか注意しなければならないことがあります。自分たちの安全を守るのは当たり前ですが、生き物たちのことも考えてあげましょう。

下調べと持っていく物の準備をしよう

淡水の生き物がどんなところに生息しているか、とって持ち帰るために必要な道具は何かなどを、事前に調べましょう。

とるのが禁止されていないか確かめよう

いくつかまえたい生き物でも、希少野生生物に指定されていたりして、捕獲や飼育ができない場合があります。とりたい生き物が、対象になっていないかを確かめましょう。

とりすぎに注意しよう

たくさんとれるとうれしいですが、自然の生態系をくずさないよう、持ち帰る生き物は最小限にしましょう。生き物の命もあなたと同じように一つだけです。最後まで責任を持って飼えるかどうかをよく考えてから持ち帰りましょう。

安全面に気をつけよう

見た目とちがい、川の流れが思いのほか速かったり、池や沼の底が深かったりすることがあります。足元がすべりやすいことも。また、にごった川は水深がわからないので、近づかないようにしましょう。

服装に気をつけよう

ぬれてもいい服やタオル、すべりにくい靴、虫よけと日よけのための長袖、軍手、水中メガネ、熱中症対策のための帽子など、季節と場所に応じた身なりで出かけましょう。できればライフジャケットも！

\ 人も魚も命は同じだよ！ /

魚を飼うときに守ってほしい 7+1 のこと

（監修：山崎充哲）

川や池などでとったり、ペットショップなどで購入したりした魚は、以下のことに注意して飼いましょう。どんなことがあっても逃がしたり捨てたりしてはいけません。

1 元気の良い魚をえらぶ。

傷がなくて、ウロコがはげていない元気な魚をえらぶ。魚の体力が低下するので、温かい手で何回もさわらない。

2 魚を入れる水槽は、とりに行く前に準備しておく。

1週間以上前からエアポンプを入れて水を準備する。

3 水槽は人が行き来する廊下や玄関などには置かない。

人の出入りで魚が落ち着かないだけではなく、地震のときに水槽が倒れて避難のさまたげとなる危険がある。

4 えさをやりすぎない。

残ったえさが腐って水質が悪くなったり、魚が消化不良を起こしたりして死ぬことがある。

5 エアポンプの浄化装置を入れる。

水をブクブクさせてろ過し、循環させると水質が良くなる。水草のたっぷり入った大きな水槽にメダカを数匹飼うくらいならエアポンプはいらない。

6 水替えは一度に全部しない。

1週間ごとに全体の3分の1くらいの水を捨て、水道水をつぎ足すくらいで良い。

7 飼い始めた魚は必ず死ぬまで責任を持って飼う。

魚を飼うのをやめたいからといって、川や池に捨てたり殺したりすることは絶対にしない。

+1 水辺に一人では行かないようにしよう！

「どこへ行くのか、誰と行くのか、何時に帰ってくるのか」を必ず家の人に伝えて、絶対に一人で勝手に行かないで！

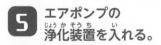

山崎充哲（山ちゃん）

外来種問題が深刻な多摩川で、飼い主に捨てられた魚を保護する「おさかなポストの会」を運営。子どもを対象にした川遊び教室、環境紙芝居、移動水族館などに取り組んでいる。

さくいん

監 修

さいたま水族館

埼玉県に生息する水生生物のうち、約70種類の魚や水辺の生き物を展示し、生態や特徴を解説している。館内は荒川の流れをモデルにして、上流～中流～下流～河口域の水域別スタイルで展示し、外来魚や希少魚などのコーナーも設けている。

日本庭園に造られた池や川では、魚が泳ぐ姿を観察したり、えさを与えてふれ合ったりすることができるほか、年3回の特別展を開催し、外国の魚を見ることができる。

〒348-0011 埼玉県羽生市三田ヶ谷751-1
TEL 048-565-1010

写真提供

さいたま水族館

相模川ふれあい科学館 アクアリウムさがみはら
　相模川の水源から河口までを再現。「相模川に集い、親しみ、楽しく学ぶ」をコンセプトに、淡水魚のほか、両生類、水生昆虫などを飼育展示している。

世界淡水魚園水族館 アクア・トト ぎふ
　「長良川の源流から河口まで」と「世界の淡水魚」をテーマに、魚類だけでなく、両生類、は虫類、ほ乳類、鳥類、水生植物などを総合的に展示している。

栃木県なかがわ水遊園
　すぐ隣を流れる那珂川の源流から河口までの自然を再現した展示と、栃木県北部八溝地域の自然や文化を紹介している。工房で開催される体験講座も人気。

堤谷孝人、長良川龍一、山崎充哲、PIXTA

参考文献

『小学館の図鑑NEO POCKET 水辺の生物』（小学館）
『フィールド・ガイドシリーズ3 日本の魚 淡水編』（小学館）
『超はっけん大図鑑10 川・池の生きもの』（ポプラ社）
『ポプラディア大図鑑WONDA6 魚』（ポプラ社）
『ポプラディア情報館27 魚・水の生物のふしぎ』（ポプラ社）
『「調べ学習」に役立つ 水辺の生きもの』（実業之日本社）
『くらべてわかる淡水魚』（山と溪谷社）
『ヤマケイジュニア図鑑5 水辺の生き物』（山と溪谷社）
『こどものずかん10 みずべのいきもの』（ひかりのくに）
『ジュニア学研の図鑑 水の生きもの』（学研プラス）
『タマゾン川 多摩川でいのちを考える』（旬報社）

身近な生き物　淡水魚・淡水生物
①学校編～コイ、メダカ、ザリガニほか～

発行日　2020年2月　初版第1刷発行

監　修　さいたま水族館
発行者　小安宏幸
発行所　株式会社汐文社
　　　　〒102-0071 東京都千代田区富士見1-6-1
　　　　TEL：03-6862-5200　FAX：03-6862-5202
　　　　https://www.choubunsha.com/

編集制作　　　株式会社風讃社（校條 真）、干川美奈子
デザイン・DTP　株式会社ウエイド（土屋裕子）
編集担当　　　株式会社汐文社（門脇 大）

印刷所　新星社西川印刷株式会社
製　本　東京美術紙工協業組合

ISBN978-4-8113-2692-4